Ernst Probst

Die Mittelsteinzeit

in Schleswig-Holstein,
Mecklenburg
und im nördlichen Brandenburg

Widmung

Allen Prähistorikern und Prähistorikerinnen gewidmet,
die mich bei meinen Büchern über die Steinzeit
unterstützt haben

Die Mittelsteinzeit in Schleswig-Holstein,
Mecklenburg und im nördlichen Brandenburg
1. Auflage als Print-Buch: September 2020
Autor: Ernst Probst
Im See 11, 55246 Mainz-Kostheim
Telefon: 06134/21152
E-Mail: ernst.probst (at) gmx.de
Herstellung: Amazon Distribution GmbH, Leipzig
Alle Rechte vorbehalten
ISBN: 979-8-685-32961-5

Jäger und Sammler der Mittelsteinzeit mit Jagdbeute.
Gemälde von Fritz Wendler (1941—1995)
für das Buch „Deutschland in der Steinzeit" (1991) von Ernst Probst

Menschen der Mittelsteinzeit vor ihrer Behausung.
Gemälde von Fritz Wendler (1941—1995)
für das Buch „Deutschland in der Steinzeit" (1991) von Ernst Probst

Vorwort

Die Mittelsteinzeit in Schleswig-Holstein, Mecklenburg und im nördlichen Brandenburg steht im Mittelpunkt der gleichnamigen Broschüre des Wiesbadener Wissenschaftsautors Ernst Probst. Mit nur rund 3.000 Jahren war dieser Abschnitt der Steinzeit von etwa 8.000 bis 5.000 v. Chr. viel kürzer als die vorhergehende Altsteinzeit, die beispielsweise in Deutschland fast eine Million Jahre dauerte. Damals herrschte bereits die Nacheiszeit (Holozän), in der die Tierwelt mit Rothirschen und Rehen weitgehend der heutigen ähnelte. Mammute, Fellnashörner und Höhlenbären waren schon ausgestorben. Die maximal 1,70 Meter großen Jäger und Sammler wandten sich stärker der Kleintier- und Vogeljagd sowie dem Fischfang zu. Pfeil und Bogen waren ihre Hauptwaffe. Zum Fischfang fuhren sie mit aus Baumstämmen geschaffenen Einbäumen. Ihre Zauberer tanzten sich mit Hirschschädelmasken und Tierfellen in Ekstase.

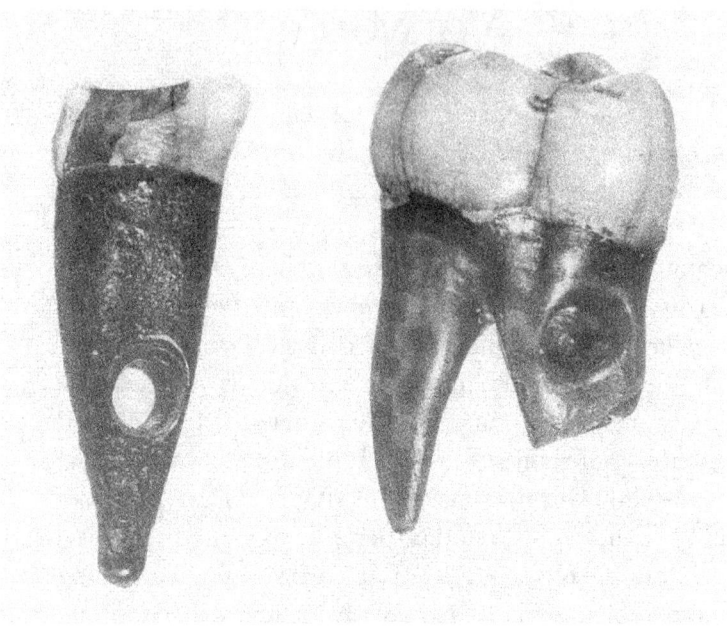

Durchbohrte Menschenzähne von Friesack 4 (Kreis Havelland)
in Brandenburg, die als Kettenschnuck verwendet wurden.
Links Eckzahn, rechts Backenzahn.
Foto: Museum für Ur- und Frühgeschichte Potsdam

Die Mittelsteinzeit

in Schleswig-Holstein, Mecklenburg und im nördlichen Brandenburg

Aus Schleswig-Holstein, Mecklenburg und im nördlichen Brandenburg kennt man zahlreiche Fundstellen aus der Mittelsteinzeit, wissenschaftlich als Mesolithikum bezeichnet. Dieser Abschnitt der Steinzeit begann laut dem Buch „Deutschland in der Steinzeit" (1991) von Ernst Probst vor etwa 10.000 Jahren, also um 8.000 v. Chr., und endete um 5.000 v. Chr. Im Online-Lexikon „Wikipedia" dagegen wird heute der Anfang der Mittelsteinzeit auf 9.600 v. Chr. und deren Ende im westlichen Mitteleuropa auf 5.800 v. Chr., im mittleren Mitteleuropa auf 5.500 v. Chr. und im nördlichen Mitteleuropa auf 4.300 v. Chr. datiert. Im nachfolgenden Text werden die Altersangaben aus „Deutschland in der Steinzeit" erwähnt. Das hat zur Folge, dass die Zeitangaben über die Dauer von Kulturstufen, Kulturen und Klimastufen im Gegensatz zu anderen Autoren/innen differieren.

Den Begriff Mittelsteinzeit (Mesolithikum) hat 1874 der schwedische Geologe und Polarforscher Otto Martin Torell (1828–1900) aus Lund auf dem Internationalen Kongress für Archäologie und Anthropologie in Stockholm erstmals vorgeschlagen. Dieser aus den altgriechischen Wörtern mesos (mitten) und lithos (Stein) zusammengesetzte Name setzte sich allmählich durch. Daneben ist vor allem im romanischen Sprachbereich die Bezeichnung Epipaläolithikum (Nachpaläolithikum) gebräuchlich.

Die „Maglemose-Kultur"

Aus den ersten 1.000 Jahren der Mittelsteinzeit – also von etwa 8.000 bis 7.000 v. Chr. – kennt man bisher aus Schleswig-Holstein, Mecklenburg und dem nördlichen Teil Brandenburgs nur wenige Siedlungsspuren. Dazu gehören die Hinterlassenschaften von Menschen, die ab etwa 8.000 v. Chr. mehrfach in Abständen von etlichen Jahren einen bestimmten Platz bei Friesack (Kreis Havelland) in Brandenburg aufsuchten. Die Funde aus der Zeitspanne von etwa 8.000 bis 7000 v. Chr. gehören der Frühstufe der „Maglemose-Kultur" an. Ab etwa 7.000 v. Chr. ist diese Kulturstufe in Schleswig-Holstein, Mecklenburg und Teilen Brandenburgs nachweisbar. Ihr Verbreitungsgebiet reicht von Ostengland über Norddeutschland, Dänemark, Südschweden bis Russland. Sie behauptete sich bis etwa 6.000 v. Chr. Den Begriff „Maglemose-Kultur" hat 1912 der dänische Archäologe Georg F. L. Sarauw (1862–1928) aus Kopenhagen geprägt. Er erinnert an das große Sumpfgebiet maglemose[1] bei Mullerup an der Westküste der dänischen Insel Seeland, wo Sarauw von 1900 bis 1915 grub. Dort sind erstmals Hinterlassenschaften der „Maglemose-Kultur" entdeckt worden.

Die Duvensee-Gruppe

Für die Zeitspanne von 7.000 bis 6.000 v. Chr. bezeichnet man die „Maglemose-Kultur" in Norddeutschland als Duvensee-Gruppe. Diesen Namen hat 1925 der damals in Hamburg lehrende Prähistoriker Gustav Schwantes (1881–1960) nach dem Fundort Duvenseer Moor (Kreis Herzogtum Lauenburg) in Schleswig-Holstein vorgeschlagen.

Unweit des westlichen Randes dieses Moores entdeckte 1923 der Hamburger Geologe Karl Gripp (1891–1985) an einer Stelle, an der man einen Entwässerungsgraben angelegt hatte, weiße Feuersteinsplitter und Schalen von Haselnüssen. Diese Hinweise auf die Anwesenheit von Menschen führten von 1924 bis 1927 zu Grabungen des „Museums für Völkerkunde" in Hamburg unter der Leitung von Schwantes, an denen sich auch Gripp heteiligte. Bei diesen Grabungen wurden verschiedene Wohnplätze der Duvensee-Gruppe nachgewiesen. Weitere Wohnplätze dieser Gruppe am Duvensee hat später der Prähistoriker Klaus Bokelmann aus Schleswig bei vorbildlichen Ausgrabungen aufgedeckt.

Die Frühstufe der „Maglemose-Kultur" entsprach dem Präboreal (von etwa 8.000 bis 7.000 v. Chr.). In dieser Phase der Nacheiszeit lag die Küstenlinie der Nordsee nördlich der Doggerbank. Auch der Vorgänger der heutigen Ostsee, das sogenannte Yoldia-Meer, bedeckte eine merklich geringere Fläche. Weitere Gebiete, die heute von der Nord- und Ostsee überflutet sind, trugen damals eine Vegetation.

Die Duvensee-Gruppe fiel weitgehend in das Boreal (etwa 7.000 bis 5.800 v. Chr.). Auch in dieser Phase hatte der Vorgänger der Ostsee eine geringere Ausdehnung als heute. Die Küste des Yoldia-Meeres lag in Mittelschweden und Südfinnland.

Die Einstufung in die Duvensee-Gruppe wird für die Skelettreste von drei Menschen aus Nehringen (Kreis Vorpommern-Rügen) und ein Skelett aus Plau am See (Kreis Ludwigslust-Parchim), beide in Mecklenburg, erwogen. Für einen menschlichen Schädeldachrest und zwei Zähne von Friesack 4 (Kreis Havelland) in Brandenburg, etwa 60 Kilometer nordwestlich von Berlin, ist die Zuordnung zu dieser Kulturstufe gesichert.

Die Skelettreste von drei Menschen in angeblich sitzender Hockerstellung aus Nehringen wurden 1923 entdeckt. Bei ihnen sollen sich einige einfache Feuersteinklingen befunden haben. Diese Skelettreste hat man weder fachmännisch geborgen, noch existieren davon Zeichnungen, Fotos oder exakte Beschreibungen dieser Funde. Auch ihr Verbleib ist leider unbekannt.

Auf das Skelett aus Plau am See stieß man 1846 in dem Weinberg, der heute Klüschenberg heißt. Es lag etwa 1,80 Meter tief unter der Erdoberfläche im Kiessand. Bedauerlicherweise wurde dieser seltene Fund von Arbeitern zerschlagen. Die Skelettreste gelangten in den Besitz eines Einwohners aus Plau, der sie dem als Heimatforscher bekannten Pastor Johann Ritter (1799–1880) aus Vietlübbe schenkte. Der Fund wurde 1847 durch den Schweriner Archivar und Prähistoriker Fried-rich Lisch[2] (1801–1883) beschrieben.

Der Schädelrest und die beiden Zähne von Friesack wurden bei den Grabungen des Potsdamer Prähistorikers Bernhard Gramsch am Fundplatz Friesack 4 entdeckt. Dies ist ein Talsandhügel innerhalb des Warschau-Berliner-Urstromtales, das in der Weichsel-Eiszeit entstanden ist. Wenn nachfolgend Friesack erwähnt wird, ist immer der Fundplatz 4 gemeint.

Neben diesen menschlichen Skelettresten aus Deutschland kennt man auch ähnlich alte Funde der „Maglemose-Kultur" aus Dänemark (Maglemose, Ravnstrup, Svaereborg) und aus Schweden (Stängenäs). Die Knochenreste von Maglemose stammen von einem sieben bis acht Jahre alten Kind, die von Ravnstrup von einer Frau und die von Svaereborg von einem 14- bis 18jährigen Jüngling. In Stängenäs barg man zwei Skelette.

Die Menschen der Duvensee-Gruppe errichteten ihre Siedlungen häufig an höhergelegenen Ufern von Seen, Flüssen oder

Bächen. Solche Standorte boten etliche Vorteile. Dort war die lebensnotwendige Trinkwasserversorgung gesichert. Zudem konnten von hier aus die zur Tränke kommenden Tiere gut beobachtet werden. Vielfach lagen auch reiche Fischgründe und Unterschlupfgebiete von Wasservögeln nicht weit entfernt. Die Jäger und Fischer hatten daher kurze Anmarschwege. Hinter den Seen und Flüssen schloss sich meist der sich immer mehr ausbreitende Wald an, in dem man in der warmen Jahreszeit essbare Beeren, Nüsse, Pilze oder Kräuter sammeln konnte. Der überwiegend sandige Unter-grund wurde durch die Sonne schnell erwärmt und trocknete nach Regenfällen ebenso rasch wieder ab.

Bevor eine solche Siedlung angelegt werden konnte, musste oft erst mühsam mit Steinbeilen eine Lichtung in das Dickicht des Waldes geschlagen werden. Als Baumaterial für die Hütten dienten Holzstangen und Zweige und für das Dach Felle aus der Jagdbeute. Im Gegensatz zu den Rentierjägern aus der ausgehenden jüngeren Altsteinzeit lebten die Jäger, Fischer und Sammler der Duvensee-Gruppe bereits längere Zeit an einem Ort, da ihr Jagdwild – Rothirsche, Rehe und Wildschweine – standorttreu war.

Die Bewohner einer Siedlung am Duvenseer Moor hatten sich auf eine schilfbewachsene Halbinsel zurückgezogen. Auf diesem Areal bauten sie Hütten, deren Fußböden zum Schutz gegen Feuchtigkeit mit Holz, Schilf, Birken- und Kiefernrindenstücken belegt wurden. Ein bei Grabungen fast vollständig freigelegter Hüttenboden war etwa fünf Meter lang. Die Wände dieser Behausung bestanden vermutlich aus Holzstangen, die man in den Boden steckte, mit Zweigen untereinander verband und mit Moos abdichtete. Für das Dach verwendete man wahrscheinlich Schilf oder Gras. Feuerstellen in den Hütten sorgten für Licht, bei Kälte für Wärme und dienten als Herd für die Nahrungszubereitung. Das Feuer entfachte man mit Hilfe von Zunderschwamm und Schwefelkies. Reste davon fand man in der Siedlung am Duvenseer Moor. Ein anderer, von Klaus Bokelmann untersu chter Lagerplatz wurde für kurze Zeit mitten im Wald unter offenem Himmel angelegt. Siedlungen der Duvensee-Gruppe kennt man auch aus Mecklenburg (Hohen Viecheln, Flessenow, Wustrow) und aus Brandenburg (Friesack). Dort wurden zahlreiche Werkzeuge, Waffen und andere Funde geborgen, von denen später noch öfter die Rede ist.

Die Entdeckung der fundreichen Siedlung Hohen Viecheln (Kreis Nordwestmecklenburg) am Ufer des Schweriner Sees ist dem Schüler Wolfgang Zeug aus Hohen Viecheln zu verdanken. Er sah in einer Sonderausstellung des „Museums für Ur- und Frühgeschichte Schwerin" ähnlich gezähnte Knochenspitzen, wie er und andere Jungen sie in der Nähe ihres Dorfes aufgesammelt hatten. Am 10. September 1952 legte er dem Prähistoriker Ewald Schuldt[3] (1914–1987) in Schwe-rin eine gekerbte Knochenspitze vor, die er am Ausfluss des sogenannten Wallensteingrabens aus dem Schweriner See gefunden hatte. Er berichtete, dass auch andere Schüler aus Hohen Viecheln am gleichen Platz solche Werkzeuge aus Knochen aufgelesen hatten. Daraufhin stellte das Schweriner Museum sofort Ermittlungen über den Verbleib der übrigen Funde an und konnte nach deren Abschluss sieben gut erhaltene Knochenspitzen sowie Reste von Rothirschgeweih und Rehgehörn übernehmen. Am 26. September 1952 wurde an der von dem Schüler angegebenen Fundstelle ein etwa zwei Quadratmeter großer Einschnitt vorgenommen. Dabei stieß man in einem halben Meter Tiefe unter feinem Sand auf eine etwa 15 Zentimeter dicke Torfschicht, die zahlreiche verbrannte Holzteile, Knochenstücke sowie Feuersteinwerkzeuge und -abschläge enthielt. Unter der Torfschicht kamen drei weitere gekerbte Knochenspitzen zum Vorschein. Insgesamt konnten aus diesem kleinen Einschnitt 320 Fundstücke verschiedenster Art geborgen werden. Dies ermutigte zu weiteren Untersuchungen in den Jahren 1953 bis 1956.

Während der mehrjährigen Grabungen auf dem Wohnplatz von Hohen Viecheln wurde auch die Umgebung nach anderen gleichaltrigen Freilandstationen abgesucht. Dabei glückte der Bodendenkmalpflegerin von Sternberg, der Lehrerin Gertrud Gärtner (1893–1985) aus Ventschow, die Entdeckung einer Siedlung auf dem Hasenberg bei Flessenow am Nordostufer des Schweriner Sees. Nach dem Bekanntwerden dieser Funde forschten die Ausgräber von Hohen Viecheln 1954 auch dort und konnten vor allem Werkzeuge und Waffen bergen.

Zu den Siedlungen, die tiefere Einblicke in das Leben der damaligen Jäger, Fischer und Sammler erlauben, gehört auch diejenige auf dem Moorfundplatz bei Friesack (Kreis Havelland). Sie lag in einer Landschaft, die Unteres Rhinluch genannt wird. Noch im 17. Jahrhundert war dies eine Sumpfwildnis, die man erst im folgenden Jahrhundert trockenlegte und urbar machte.

Die Siedlungsfundstelle Friesack wurde um 1910 durch den Berliner Gymnasiallehrer und Amateur-Archäologen Max Schneider (1869–1935) entdeckt, der von 1916 bis 1925 hier erste Grabungen vornahm. Über seine Grabungsergebnisse berichtete er in dem 1932 erschienenen Buch „Die Urkeramiker", das er durch den Verkauf eines Teils seiner Sammlung in die USA finanzierte. 1940 grub der Berliner Prähistoriker Hans Reinerth (1900–1990) in Friesack. Bei den Untersuchungen von 1916 bis 1940 kamen zahlreiche Geräte aus Feuerstein, Knochen oder Geweih zum Vorschein. Am

Fischfang mit Stellnetz zur Zeit der Duvensee-Gruppe
innerhalb der „Maglemose-Kultur",
früher als 6.000 v. Chr. in Schleswig-Holstein.
Bild: Zeichnung von Fritz Wendler (1941—1995)
für das Buch „Deutschland in der Steinzeit" (1991)
von Ernst Probst

ergiebigsten waren jedoch die von 1977 bis 1985 durch den Potsdamer Prähistoriker Bernhard Gramsch durchge-führten Grabungen, bei denen Jagdbeutereste, Geräte aus Stein, Holz, Knochen oder Geweih, ein Rindenbehälter, Fragmente von Zwirn, Schnüren, Stricken und Netzen, Schmuck, durchlochte Menschenzähne und ein kleines menschliches Schädel-dachbruchstück geborgen wurden. Insgesamt ließen sich in Friesack vier mittelsteinzeitliche Besiedlungsperioden nachweisen.

Die Männer der Duvensee-Gruppe jagten unter anderem Auerochsen, Rothirsche, Elche, Rehe, Wildschweine und gelegentlich sogar Braunbären und Wölfe. Daneben stellten sie großen Vögeln nach und fingen mancherlei Fische.

Die Jagdbeutereste von Hohen Viecheln zeigen, dass die mecklenburgischen Jäger hauptsächlich Rothirsche, Rehe sowie seltener Wildschweine, Auerochsen, Elche, Braunbären, Biber, Hasen, Dachse und Fischotter erlegten. Bevorzugte Jagdbeute waren in Hohen Viecheln auch Wildenten, Schwäne, Wasserhühner, Taucher und Kraniche.

Die Jäger im Trebeltal bei Tribsees[4] in Mecklenburg jagten Auerochsen, Elche, Rothirsche, Rehe, Wildpferde, Wildschweine und verschiedene Vogelarten. Sie lagerten in Nähe eines Flussarms der Trebel, der vielen Tierarten als Tränke diente, und gingen von dort auf die Jagd. Ein bearbeitetes gestieltes Holzstück mit verdicktem, spitz zu laufendem Kopfende wird von dem Ausgräber dieses Rastplatzes, dem Prähistoriker Horst Keiling aus Schwerin, als Pfeil für die Vogeljagd gedeutet. Ob allerdings ein gespaltener Holzrest von einem Speer stammt, ist unsicher.

Für die Jagd auf große Säugetiere wendete man unterschiedliche Methoden und Waffen an. Neben Stoßlanzen und Wurfspeeren mit hölzerner oder knöcherner Spitze kamen vor allem Pfeile zum Einsatz, die am Ende mit einer Schneide aus Feuerstein bewehrt wurden. Beim Anschleichen an das Wild trugen die Jäger manchmal Hirschgeweihmasken als Verkleidung, die vielleicht auch im Kult eine gewisse Rolle spielten. Großwild trieb man mitunter auf Fallgruben zu. Als solche deutet man in drei Reihen mit Lücken angeordnete Gruben in Fernewerder (Kreis Havelland) in Brandenburg. Die Gruben hatten einen Durchmesser von etwa ein bis zwei Metern und waren bis zu drei Meter tief. Die insgesamt 24 Fallgruben waren so angelegt, dass jeweils eine Grube einen Zwischenraum in der parallelen Reihe abdeckte. Vermutlich wurde dieses Grubensystem an einem Wildpfad angelegt. Unklar ist, ob die in den Gruben entdeckten Knochenspitzen zu Speeren gehörten oder ob sie an Pfählen in den Gruben befestigt waren.

Zur Jagd auf Tiere, deren Gefieder oder Pelz unbeschädigt bleiben sollte, benutzte man spezielle Holzpfeile mit einem kolbenförmig zugeschnitzten Ende. Sie sollten nicht töten oder verwunden, sondern lediglich betäuben. Derartige Holzpfeile mit verdicktem stumpfem Kopf kennt man aus Friesack und Hohen Viecheln. Vielleicht setzte man für die Wasservogeljagd auch Bumerangs ein, wie man sie aus Dänemark kennt.

In etlichen Siedlungen der Duvensee-Gruppe belegen Grätenreste von Fischen und verschiedene Geräte den Fischfang. Die zumeist aus Röhrenknochen von großen Säugetieren, manchmal aber auch aus Hirschgeweih angefertigten Angelhaken waren im Vergleich zu den heutigen auffällig groß. Die Mehrzahl davon erreichte eine Länge von 8 bis 15 Zentimetern und eignete sich somit nur für große Fische, etwa für Hechte oder für Welse, wie sie in Hohen Viecheln auch nachgewiesen sind. Manche Funde der Duvensee-Gruppe spiegeln einen erstaunlich hohen Entwicklungsstand der Fischfangmethoden wider. So entdeckte man im Pristermoor bei Duvensee, in Schlüsbeck bei Kiel und an dänischen Fundstellen Reste von aus langen Haselgerten angefertigten und mit aufgeschlitzten Weidenzweigen quer durchflochtenen Reusen. Eine Ritzzeichnung auf einem Knochengerät aus dem Fluss Trave bei Groß Rönnau (Kreis Segeberg) in Schleswig-Holstein zeigt einen sanduhrförmigen Reusentyp mit Netzen an beiden Enden. In Satrup (Kreis Schleswig-Flensburg) wies man ein an Holzstangen befestigtes Stellnetz nach. Aus Hohen Viecheln sind Netzfragmente und durchlochte Baumrindenstücke bekannt, die als Netzschwimmer dienten. Solche Netze wurden aus Fasern von Baumrinden geknüpft und mit steinernen Netzsenkern beschwert.

Aus Skelettresten von Hohen Viecheln und Tribsees ist ersichtlich, dass die Menschen der Duvensee-Gruppe auch Hunde hielten. Die Schädelgrößen von Hundefunden der gleichen Zeit variieren in verschiedenen Ländern zwischen heutigen Wolfsspitzen und Schäferhunden. Die an sich seltenen Hundeknochen sind häufig in typischer Weise zur Gewinnung des Marks aufgeschlagen und stammen zumeist von jüngeren Tieren. Demnach wurde sporadisch Hundefleisch gegessen – vielleicht in Notzeiten, wenn kein Wild verfügbar war.

Bei Grabungen an Wohnplätzen entdeckte man bis zu 40 Zentimeter dicke Schichten aus Haselnussschalen, die man als Küchenabfälle vor die Hütten geworfen hatte. Am Duvenseer Moor wurde nachgewiesen, dass die Haselnüsse im Feuer geröstet worden sind. An diesem Fundort stellte man zudem fest, dass die ehemaligen Bewohner Samenkörner des mit dem Buchweizen verwandten Windenden Knöterichs gesammelt und gegessen haben.

Angesichts der vielen verschiedenen Gegenstände, welche die Angehörigen der Duvensee-Gruppe aus unterschiedlichen Materialien anfertigten, kann man vielleicht über die Existenz von Spezialisten spekulieren. Deren Produkte hätten sich dann besonders als Objekte für Tauschgeschäfte geeignet.

Als Beispiele für die handwerklichen Fähigkeiten der Duvensee-Leute kann man außer den bereits erwähnten Fischreusen und -netzen, Werkzeugen und Waffen auch einen aus Birkenrinde gefalteten Behälter aus Friesack nennen. Da dieser auf der Sohle einer bis unter das damalige Grundwasserniveau eingetieften Grube geborgen wurde, diente er wohl zum Schöpfen von Wasser. Ein ähnlicher Birkenrindenbehälter aus der Mittelsteinzeit ist bisher nur im Viss-Moor im Norden des europäischen Teils Russlands bekannt. Handwerkliches Geschick verraten auch die aus Bast geschaffenen Schnüre und Stricke aus Friesack.

Die damaligen Menschen haben es zudem schon verstanden, dicke Baumstämme mit Hilfe von Steinbeilen und Feuer auszuhöhlen und auf diese Weise Einbäume herzustellen. Einbäume der Duvensee-Gruppe wurden zwar bisher in Deutschland nicht entdeckt, aber man fand die für ihre Fortbewegung bestimmten hölzernen Paddel. Reste solcher Paddel kennt man vom Duvenseer Moor, aus dem Duxmoor bei Gettorf (Kreis Rendsburg-Eckernförde) und aus Friesack. Von dem bereits 1926 geborgenen Paddel vorn Duvenseer Moor blieb nur ein etwa 60 Zentimeter langer Teil erhalten. Das Paddel aus dem Duxmoor besteht aus Eibenholz und misst etwa 90 Zentimeter. Sein Blatt wurde mit Feuersteinwerkzeugen bearbeitet und – nach den Brandspuren zu schließen – offenbar im Feuer gehärtet. Bei den Grabungen in Friesack kamen Fragmente von drei Paddeln zum Vorschein, von denen zwei vermutlich aus Ebereschenholz angefertigt sind.

Ein mittelsteinzeitlicher Einbaumfund vom August 1955 bei Pesse in Holland zeigt, dass solche Wasserfahrzeuge bis zu drei Meter lang gewesen sind. Vielleicht sind Duvensee-Leute mit Einbäumen auf Seen zum Fischfang hinausgefahren, haben aus den Nestern von Wasservögeln Eier entnommen oder Wasservögel im Schilf gejagt.

Von der Kleidung der damaligen Männer, Frauen und Kinder konnte man bisher keine Reste bergen. Die Menschen der Duvensee-Gruppe schmückten sich gerne mit durchbohrten Tierzähnen. Aus Friesack kennt man an der Wurzel durchlochte Schneidezähne vom Rothirsch, Wildschwein und Auerochsen sowie ebenso bearbeitete Reißzähne vom Wolf, Fuchs und Fischotter. Als bisher einzigartig für die Mittelsteinzeit Europas gelten zwei durchbohrte Menschenzähne von Friesack 4: ein Eckzahn und ein Backenzahn. Alle diese Tier- und Menschenzähne wurden als Kettenschmuck verwendet, der wohl den Hals zierte.

Die Kunstwerke der Duvensee-Gruppe geben manchmal Szenen aus dem Alltag wieder. Die bereits erwähnte Ritzzeichnung von Groß Rönnau in Schleswig-Holstein zeigt eine Fischreuse. Eine aus der Eckernförder Bucht in Schleswig-Holstein gebaggerte Geweihaxt, die sich allerdings nicht genau datieren lässt und daher auch aus der zeitlich jüngeren Oldesloer Gruppe stammen könnte, lässt einen eingravierten Tänzer erkennen. Ornamente auf einer Geweihstange aus Hohen Viecheln in Mecklenburg werden als Darstellungen von Behausungen oder von Fallen gedeutet. Ein aus der Peene bei Verchen (Kreis Mecklenburgische Seenplatte) in Mecklenburg geborgenes Lochstabfragment trägt ein aus Winkeln bestehendes Ornament, das an zeltartige Behausungen auf einem Rastplatz erinnert. Manchmal sind Werkzeuge oder andere Objekte aus Knochen oder Geweih lediglich durch

Abbildung auf Seite 21:

*Geweihaxt mit eingraviertem Tänzer
von Eckernförde (Kreis Rendsburg-Eckernförde) in Schleswig-
Holstein.
Länge der Geweihaxt etwa 19 Zentimeter.
Foto: Archäologisches Landesmuseum
der Christian-Albrechts-Universität, Schleswig*

eingeritzte oder eingeschnittene lineare Muster und Gruppen von Strichen verschönert. Zu den besonders bemerkenswerten Kunstwerken gehört der verzierte Rückenpanzer einer Sumpfschildkröte aus Friesack. Er ist auf der Außenseite mit sieben Dreiecken und mit in inandergreifenden, langgestreckten, dreiecksförmigen Figuren ornamentiert; sowohl die Dreiecke als auch die Figuren sind mit Strichen gefüllt. Auf der Innenseite dieses Schildkrötenpanzers befinden sich zahlreiche Kratzspuren, die vom sorgfältigen Entfernen aller Weichteile stammen. Dieser Fund wird nach den Erkenntnissen einer pollenanalytischen Untersuchung des anhaftenden Torfs in die Zeit des Übergangs zwischen dem Boreal und dem Atlantikum datiert, was etw 5.800 v. Chr. entspricht.

Auf Musik und Tanz weisen einige wenige Funde hin. So lässt sich ein außen teilweise beschnittenes, längsdurchlochtes Zweigfragment mit zungenartigem Ende aus Friesack als Flöte deuten. Außerdem gelten einige von Menschenhand bearbeitete Stücke aus dem Holz von Haselnusssträuchern aus Hohen Viecheln als Pfeifen – allerdings nur zum Anlocken von Vögeln bei der Jagd. Tanz dagegen ist durch die erwähnte Darstellung eines Tänzers aus der Eckernförder Bucht belegt.

Die Menschen der Duvensee-Gruppe verfügten über ein erstaunlich reiches Formenspektrum an Werkzeugen und Waffen aus Stein, Holz, Knochen, Geweih oder Tierzähnen. Man kann sich kaum vorstellen, dass alle diese Gegenstände beim Weiterziehen zu einem anderen Wohnplatz mitgenommen wurden. Vielleicht ist der größte Teil davon bis zur nächsten Wiederkehr an dem verlassenen Ort deponiert worden.

Wegen ihren typischen Kern- und Scheibenbeilen (s. S. 19), die in weiter südlich verbreiteten Kulturstufen nicht vorkommen, rechnet man die Duvensee-Gruppe dem Kern- und Scheibenbeil-Kreis zu. Daneben gab es Pickel und Kleinstgeräte in Form der Mikrolithen. Für die Mikrolithen verwendete man ausschließlich nordischen Feuerstein, der in Gletscherablagerungen aus dem Eiszeitalter gefunden wurde.

Unter den Mikrolithen der Duvensee-Gruppe fehlen trapezförmige Pfeilspitzen. Besonders häufig waren mikrolithische Spitzen, die zur Bewehrung von Pfeilen dienten. Allein bei Friesack fand man etwa 2.000 Mikrolithen. Dort barg man auch das Bruchstück eines Pfeilschaftglätters aus Sandstein und Gerölle mit Schlagmarken, mit denen man offenbar Werkzeuge oder Waffen bearbeitet hatte.

Mehr als hundert Funde aus Friesack belegen, dass Holz ein wichtiger Rohstoff bei der Werkzeugherstellung war. Von dort kennt man unter anderem zwei Brettchen mit Kerben auf beiden Seiten zum Aufwickeln von Bastschnur, zwei Grabstöcke mit feuergehärtetem halbrundem Ende, hammerartige Beilköpfe aus festem Wurzelholz mit Schaftloch (solche gab es auch in Duvensee), die bereits erwähnten Paddelfragmente sowie Reste von Speeren und Pfeilen. Ein Teil der zahlreichen Funde von gerollter Birkenrinde ist vermutlich bei der Gewinnung von Birkenpech angefallen, mit dem Pfeil- und Speerspitzen an Holzschäften festgeklebt wurden. Aus Birkenrinde wurden auch kleine Behältnisse hergestellt. Baumbast, also Pflanzenfasern, verarbeitete man zu Zwirn, Schnüren, Stricken und Netzen. Bei Friesack kamen zahlreiche Reste von knotenlosen und geknoteten Netzen zum Vorschein. Ein kleines Netzfragment mit Knoten aus dem späten Präboreal um 7.000 v. Chr. ist etwa ein halbes Jahrtausend älter als ein ähnlicher Fund aus Antrea nordwestlich von Leningrad in Russland.

Auch aus Knochen wurden zahlreiche Werkzeuge und Waffen hergestellt. An Werkzeugen sind unter anderern spitze Pfriemen, meißelartige Geräte, Nadeln, Hacken und Tüllenbeile zu nennen. Aus Friesack ist beispielsweise ein Vogelknochenspan mit spitzem Ende und Widerhaken bekannt, der einer heutigen Häkelnadel ähnelt. In Hohen Viecheln fand man mehr als 30 Zentimeter lange Hacken aus Knochen von Auerochsen, die manchmal mit Ritzungen verziert sind. Man brachte sie deshalb mit kultischen Handlungen in Verbindung, deutet sie aber auch als Erdhacken, Eispickel oder Waffen. Am selben Fundort barg man zudem Tüllenbeile aus Mittelfußknochen vom Auerochsen, Wisent und Rothirsch. Diese hatten einen bis zu 20 Zentimeter langen Holzschaft, der in der Tülle steckte. Mit Tüllenbeilen konnte man Baumrinde abschälen und – wie Experimente zeigten – auch Bäume fällen.

Am häufigsten verwendete man Knochen jedoch als Spitzen von Wurfspeeren. Diese Spitzen bestanden zumeist aus Fußknochen vom Rothirsch oder vom Reh, ganz selten aus Rippenknochen. Zunächst fertigte man einfache glatte Spitzen an, später kamen sägemesserartig gekerbte Spitzen und zuletzt Spitzen mit kleinen Widerhaken auf. Die Spitzen wurden mit Baumharz oder Bast oder beidem am Holzschaft befestigt. Unter den mehr als 300 Spitzen aus Friesack befanden sich auch drei einfache Knochenspitzen, die mit Bast und Pech noch mit dem abgebrochenen Holzschaft verbunden waren. Auch in Hohen Viecheln wies man über 300 Knochenspitzen nach. Bruchstücke von Knochenspitzen kennt man außerdem aus dem Trebeltal bei Tribsees. Dies ist einer der bedeutendsten Fundplätze im östlichen Mecklenburg. Dort wurden zahlreiche Geweih- und Knochengeräte, Steinwerkzeuge und -abfälle geborgen.

Eine in Wyk auf Föhr entdeckte Knochenharpune mit einer
Zahnreihe dokumentiert, dass sich Jäger der Duvensee-Gruppe
auch auf den nordfriesischen Inseln aufgehalten haben. Das
gleiche gilt für das ehemalige Festland, das heute von der
Nordsee bedeckt wird und wo man Waffen und Geräte aus
der Steinzeit auffischte. Große Knochenspitzen wurden für
die Jagd auf Auerochsen, Wisente und andere stattliche
Säugetiere eingesetzt, kleine für Flugwild und zum Fischfang. Ein beliebter Rohstoff für Werkzeuge und Waffen waren auch
Geweihe oder Geweihteile von Rothirschen oder Elchen. Mit
Hilfe von Druckstäben aus Geweih drückte man von Feuersteinklingen feine Mikrolithen ab oder retuschierte damit
Arbeitskanten von Steinwerkzeugen. Aus Elchgeweih wurden
schaufelartige Werkzeuge zum Graben geschaffen. Außerdem
gab es Geweihhacken mit einem Schaftloch zur Aufnahme eines
Holzschaftes und Spitzhacken aus Geweih mit natürlichem
Schaft. Unter einer Geweihhacke versteht man ein Werkzeug,
bei dem die Schneide quer zum Schaftloch steht. Dagegen
spricht man von einer Geweihaxt, wenn die Schneide parallel
zum Schaftloch orientiert ist, wie dies bei den Funden von
Friesack der Fall ist. In seltenen Fällen wurden auch Spitzen
aus Hirschgeweih mit kleinen Widerhaken geschnitzt. Mitunter
verarbeitete man sogar Tierzähne zu Werkzeugen. So kennt
man aus Friesack einige Hauer von Wildschweinen, die zum
Schaben oder Glätten dienten. Dabei handelte es sich wohl
um eine Art von Feinwerkzeugen für besonders genau
durchzuführende Arbeiten.
Die zahlreichen Werkzeug- und Waffenformen aus unterschiedlichen Materialien weisen die Menschen der Duvensee-Gruppe als geschickte Handwerker aus, die teilweise bereits
mit sehr überlegten Techniken arbeiteten.

Angesichts des hohen kulturellen Niveaus dieser mittelsteinzeitlichen Jäger, Fischer und Sammler ist deren Verhältnis
zum Tod und ihre Religion von besonderem Interesse. Die
bereits erwähnte Bestattung aus Plau am See in Mecklenburg
demonstriert, dass die Angehörigen der Duvensee-Gruppe an
das Weiterleben der Verstorbenen glaubten. Denn die Hinter-
bliebenen haben den in fast kniender Hockerstellung zur letzten
Ruhe gebetteten Toten mit einigen Beigaben versehen, die
ihm auch im Jenseits nützlich sein sollten. Dazu gehören eine
Hirschgeweihaxt und zwei längsgeteilte, scharfkantige Eber-
hauerhälften.

Schlaglichter auf die Religion der Duvensee-Gruppe werfen
vor allem die Funde von Hirschschädelmasken aus Mecklenburg (Hohen Viecheln, Plau am See) und Brandenburg (Berlin-
Biesdorf), die mit dem Kult in Verbindung gebracht werden.
Ähnliche Objekte, aber aus einer anderen Stufe, kennt man,
wie erwähnt, aus dem Erfttal bei Bedburg in Nordrhein-
Westfalen (s. S. 95). Auch in Star Carr (England) wurden solche
Masken entdeckt. Das dortige Fundgut wird ebenfalls der
Duvensee-Gruppe zugerechnet. In Hohen Viecheln fand man
zwei jeweils aus der Stirnpartie eines Rothirschschädels
gearbeitete Masken mit abgetrenntem Geweih. Sie wurden
vermutlich von Schamanen vor das Gesicht gebunden und
bei kultischen Tänzen oder bestimmten Zeremonien getragen.
Vielleicht wollte man damit den Verlauf von größeren Jagd-
unternehmungen günstig beeinflussen.
Höchstwahrscheinlich haftete dabei das Hirschfell noch an
der Maske. Eigens geschaffene Öffnungen neben den Augen-
höhlen sorgten für ein gutes Blickfeld des vermummten
Schamanen. Durch ovale Löcher an den Seiten des Schä-
deldaches konnte man eine Schnur ziehen und damit die Maske
unter dem Kinn bzw. dem Nacken festbinden. In Plau am See

und Berlin-Biesdorf barg man jeweils eine Hirschschädelmaske. Vielleicht hatten auch die bereits erwähnten durchbohrten menschlichen Zähne aus Friesack eine gewisse Bedeutung in der religiösen Gedankenwelt. Womöglich wollte der Besitzer dieser Zähne eines anderen Menschen dessen Andenken bewahren oder erhoffte sich davon, dessen besondere Fähigkeiten zu erlangen.

Die Oldesloer Gruppe

Der Abschnitt von etwa 6.000 bis 5.000 v. Chr. wird in Schleswig-Holstein, Mecklenburg und Teilen Brandenburgs der Oldesloer Gruppe zugerechnet. Dieser Begriff wurde 1925 durch den schon erwähnten Prähistoriker Gustav Schwantes eingeführt. Den ersten Wohnplatz dieser Gruppe hat der Schüler Wilhelm Wolf (1890–1968) aus Bad Oldesloe entdeckt, der später Amtmann in Bredstedt war. Durch seine Untersuchungen wurde der Apotheker Wolfgang Sonder (1893–1955) aus Oldesloe angeregt, Steinwerkzeuge dieser Gruppe im Raum Oldesloe zu sammeln. Seine Funde bildeten den Grundstock der urgeschichtlichen Ausstellung im „Heimatmuseum Oldesloe".

Die Oldesloer Gruppe fiel in die letzte Phase des Boreals (etwa 7.000 bis 5.800 v. Chr.) und danach in das Atlantikum (etwa 5.800 bis 3.800 v. Chr.).

Bis zum Atlantikum lag zwischen England und Schleswig-Holstein ein ausgedehntes Festland, das bis Nordfinnland reichte. Um 5.500 v. Chr. drang das Meer in dieses Gebiet ein, wodurch die heutige Nordsee entstand, aus der die Doggerbank noch eine Weile als Insel herausragte.

Während des Atlantikums gediehen Eichenmischwälder, in denen es neben Eichen auch Ahorn, Eschen, Linden und Ulmen gab. In Schleswig-Holstein breitete sich damals die Erle aus und bildete an Seeufern oder in Niederungen Busch- oder Bruchwälder. Als Indiz für ein relativ warmes Klima lässt sich unter anderem die häufig vorkommende Wassernuss werten. Diese stachelige Frucht, die in auf dem Wasser treibenden Blattrosetten wächst, ist heute aus Deutschland verschwunden. Im Atlantikum war sie – ähnlich wie die Sumpfschildkröte – bis nördlich von Stockholm in Schweden und in Südfinnland heimisch. Die Tierwelt des Atlantikums entsprach weitgehend jener aus dem Boreal.

Das Formenspektrum an Werkzeugen und Waffen aus Stein der Oldesloer Gruppe unterscheidet sich von demjenigen der Duvensee-Gruppe durch das Vorkommen von langen, schmalen Dreiecken und trapezförmigen Pfeilspitzen. Ansonsten gab es in dieser Stufe aus Feuerstein angefertigte Kern- und Scheibenbeile mit Holzschäften wie vorher. Deshalb wird die Oldesloer Gruppe wie die Duvensee-Gruppe dem Kern- und Scheibenbeil-Kreis zugeordnet.

Die nach 5.500 v. Chr. lebenden Menschen der Oldesloer Gruppe waren bereits Zeitgenossen von jungsteinzeitlichen Bauern aus den südlicher gelegenen Gebieten Deutschlands. Die ab etwa 5.000 v. Chr. nachweisbare Ertebölle-Ellerbek-Kultur repräsentierte in Schleswig-Holstein und in Mecklenburg den Übergang von den Wildbeutern zu den Bauern.

Ein bedeutender Bestattungsplatz aus der Zeit zwischen etwa 6.400 und 4.900 v. Chr. lag auf dem Weinberg bei Groß Fredenwalde (Kreis Uckermark) in Brandenburg. Die dort beerdigten Menschen gelten als die letzten Jäger und Sammler kurz vor dem Beginn der „neolithischen Revolution" mit dem

Aufkommen von Ackerbau und Viehzucht in Norddeutschland. Auf den Bestattungsplatz wurde man 1962 beim Ausheben einer Baugrube für einen Signalmast auf dem Gipfel des Weinbergs aufmerksam. Dabei hat man Skelettreste von sechs Personen notdürftig geborgen: zwei Männer, 30 bis 39 und 40 bis 49 Jahre alt sowie 1,56 Meter groß, eine Frau, 40 bis 49 Jahre alt sowie 1,52 Meter groß, drei Kinder im Alter von 3 bis 4, 4 bis 5 und 7 bis 8 Jahren. Die Toten wurden mit rotem Ocker bestreut und mit Grabbeigaben – Knochenpfrieme, Feuersteinklingen und Feuersteinsabschläge – versehen. An einem Schädel befanden sich durchbohrte Tierzahnanhänger, die offenbar auf einem Band aufgefädelt waren.

Auf Initiative des Prähistorikers Thomas Terberger erfolgten 2012, 2014, 2019 und 2020 Nachuntersuchungen auf dem Weinberg. Terberger ist Spezialist für die Alt- und Mittelsteinzeit. Bei den Ausgrabungen von 2014 entdeckte man die Reste von drei Menschen. Ein um 5.000 v. Chr. gestorbener, 25 Jahre alter und 1,56 Meter großer Mann wurde aufrecht stehend in einer offenen gelassenen Grube bestattet. Erst als der Körper zerfallen war, schüttete man die Grube zu und zündete darüber ein Feuer an. Weil man ihn mit Feuerstein-Artefakten und zwei Knochenwerkzeugen als Beigaben ausstattete, betrachtet man ihn als Handwerker. Aus der Zeit um 6.400 v. Chr. stammt ein Kleinkind im Alter von etwa einem halben bis einem Jahr, das man bei der Bestattung mit Ocker bestreut hatte. 2019 und 2020 wurde auf dem Weinberg jeweils ein weiteres Grab entdeckt. Insgesamt sind von 1962 bis 2020 auf dem Bestattungsplatz von Groß Fredenwalde elf Bestattungen gefunden worden.

Rekonstruktion der Schädelbestattung aus der Mittelsteinzeit
in der Höhle Hohlenstein-Stadel bei Asselfingen (Alb-Donau-Kreis)
in Baden-Württemberg.
Originale in der Osteologischen Sammlung der Universität Tübingen.
Foto: Osteologische Sammlung der Universität Tübingen

Gräber und Skelettreste aus der Mittelsteinzeit

Es ist erstaunlich, dass man in manchen Teilen von Deutschland einige Skelettreste, in anderen dagegen nur einen einzigen oder sogar keinen Skelettrest von Menschen aus der Mittelsteinzeit gefunden hat. Immerhin hat dieser Abschnitt der Menschheitsgeschichte in den meisten deutschen Bundesländern mehr als 4.000 Jahre lang gedauert. Nachfolgend eine Übersicht über die bisher aus Deutschland bekannten mittelsteinzeitlichen Gräber und menschlichen Skelettreste.

Baden-Württemberg

In Baden-Württemberg hat man in der Falkensteinhöhle bei Thiergarten (Kreis Sigmaringen), in der Höhle Hohlenstein-Stadel bei Asselfingen (Alb-Donau-Kreis) und in Blaubeuren-Altental (Alb-Donau-Kreis) menschliche Skelettreste geborgen. Die Knochen eines etwa 30 bis 40 Jahre alten, rund 1,70 Meter großen Mannes aus der Falkensteinhöhle, der um 7.200 v. Chr. lebte, wurden 1933 von dem Oberpostrat i. R. Eduard Peters (1869–1948) entdeckt. Bei dem Fund vom Sommer 1937 im Hohlenstein-Stadel mit einem Alter von mindestens 6.400 v. Chr. handelt es sich um drei Schädel, die der Tübinger Geologe und Prähistoriker Otto Völzing (1910–2001) und der Tübinger Anatom Robert Wetzel (1898–1962) bargen. Die Schädel stammen von einer ca. 20 Jahre alten Frau, einem etwa 20- bis 30jährigen Mann und einem zwei- bis vierjährigen Kind. In Blaubeuren-Altental entdeckte man zwischen 1949 und 1951 insgesamt 18 Skelettelemente, die von mindestens vier Menschen stammen. Die ersten Funde kamen im Herbst 1949 bei der Anlage eines kleinen Parkplatzes unterhalb des

Schädelbestattung in der Großen Ofnethöhle
bei Holheim in Bayern.
Zeichnung des paläontologischen Zeichners
Anton Birkmaier (1869–1926) aus München,
die er nach einer Fotografie anfertigte

Schotterwerkes E. Merkle dicht an einem Felsen im Blautal ans Tageslicht. Der Besitzer des Schotterwerkes, Eduard Merkle (1904–1951), barg einen Schädel. Zwischen 1949 und 1951 fand der Oberstudiendirektor Albert Kley (1901–2001) aus Geislingen bei der Nachsuche weitere Skelettelemente. Eine AMS-14C-Datierung des Schädels ergab ein Alter um 7.250 v. Chr. Unter dem Felsdach Inzigkofen (Kreis Sigmaringen) befand sich ein einzelner menschlicher Backenzahn. In der Jägerhaushöhle bei Fridingen-Bronnen (Kreis Tuttlingen) lagen zwei Kinderzähne.

Bayern

Die meisten Knochenreste von Menschen aus der Mittelsteinzeit in Deutschland wurden 1908 von dem Tübinger Prähistoriker Robert Rudolf Schmidt (1882–1950) in der Großen Ofnethöhle bei Holheim (Kreis Donau-Ries) in Schwaben (Bayern) entdeckt. Dort kamen insgesamt 34 Schädel von Männern, Frauen und Kindern zum Vorschein. Lange Zeit hatte man nur von 33 Schädeln gesprochen. Bei einer Nachuntersuchung der Ofnet-Schädel entdeckte 1936 der Münchner Anthropologe Theodor Mollison (1874–1952), dass man diesen Menschen den Schädel eingeschlagen hatte. In die Mittelsteinzeit wird auch der Schädel eines etwa 25 bis 35 Jahre alten Mannes datiert, der 1913 in Nähe des Eingangs der Halbhöhle Hexenküche am Kaufertsberg bei Lierheim (Kreis Donau-Ries) in Schwaben gefunden wurde. Mittelsteinzeitliches Alter sollen auch die Skelettreste von drei Menschen haben, die im Sommer 1982 im Innenhof von Burg Nassenfels (Kreis Eichstät) in Oberbayern geborgen wurden. Sie stammen von zwei Kindern im Alter von 2 und 4 Jahren sowie einem Jugendlichen zwischen 14 und 16 Jahren.

*Schädel einer Frau aus der Mittelsteinzeit
aus der Blätterhöhle am Weißenstein im Lennetal (Stadt Hagen)
in Nordrhein-Westfalen. Fund von 2004.
Foto: Ingo Kramer www.volmefoto.de / CC BY-SA 3.0
(via Wikimedia Commons),
lizensiert unter Creative-Commons-Lizenz by-sa-3.0,
https://creativecommons.org/licenses/by-sa/3.0/legalcode*

Hessen

Von den Menschen der Mittelsteinzeit in Hessen liegen bisher keine mit Sicherheit datierbaren Skelettreste vor. Vielleicht gehört der auf ein Alter von etwa 12.000 bis 8.000 Jahren geschätzte Schädel aus dem Dorf Rhünda, einem Stadtteil von Felsberg (Schwalm-Eder-Kreis), in diese Zeit. Dieser Schädel wurde am 20. Juni 1956 von den zehnjährigen Schülern Reinhart Wendel und Günther Otys am Bachufer etwa 80 Zentimeter unter der Erdoberfläche entdeckt. Damals waren sie am Tag nach einem Unwetter mit ihrem Lehrer Eitel Glatzer unterwegs. Der Fundort lag an einem neu entstandenen Ufer der Rhünda nahe ihrer Mündung in die Schwalm.

Nordrhein-Westfalen

Aus Nordrhein-Westfalen sind einige Skelettreste von Menschen aus der Mittelsteinzeit bekannt. Jahrzehntelang bewahrte man in der ur- und frühgeschichtlichen Sammlung der Stadt Balve ein handtellergroßes menschliches Schädeldach aus der Balver Höhle (Märkischer Kreis) auf, dessen wahres Alter bis 2004 unbekannt war. Jenes Fossil ist bereits 1939 bei einer Grabung entdeckt worden. Nach Auflösung der Sammlung in Balve gelangte der Fund zu Beginn des 21. Jahrhunderts in die Obhut der LWI-Archäologie. Um das Schädeldach in der neuen Dauerausstellung im „LWL-Museum für Archäologie" in Herne richtig platzieren zu können, ließ man sein Alter im Datierungslabor der Universität in Groningen (Niederlande) datieren. Das Ergebnis überraschte: Der Fund stammt aus der frühen Mittelsteinzeit. um 8.400 v. Chr.

Teilweise aus der frühen Mittelsteinzeit stammen auch menschliche Knochen, die bei Ausgrabungen in der Blätterhöhle am Weißenstein im Lennetal (Stadt Hagen) zum Vorschein kamen. Ein in die Höhle führendes mit Laub verfülltes Loch wurde 1983 von Spelealogen des „Arbeitskreises Klu-terhöhle e. V."

Bestattung eines Kindes (Grab I)
unter dem Felsdach Abri IX bei Reinhausen (Kreis Göttingen)
in Niedersachsen.
Foto: Landratsamt Göttingen

entdeckt. Ausgrabungen in der Blätterhöhle erfolgten ab 2006. Etwas Besonderes sind drei von Menschenhand deponierte Oberschädel von ausgewachsenen Wildschweinen, denen die Eckzähne entfernt wurden. An Jagdbeuteresten von Reh und Rotwild sind Schlag- und Zerlegungsspuren zu erkennen. Die menschlichen Skelettreste von mehreren Personen, darunter auch Kleinkinder und Jugendliche, waren vermutlich bereits bei ihrer Niederlegung in der Blätterhöhle fragmentiert und haben sich wahrscheinlich vorher an einem anderen Platz befunden.

Aus der Mittelsteinzeit könnte auch ein 1911 beim Bau des Rhein-Herne-Kanals in Oberhausen vier Meter tief unter der Erdoberfläche geborgener Oberschädel ohne Zähne stammen. Er wurde durch den Berliner Anatomen Hans Virchow (1852–1940) untersucht und 1911 beschrieben, wobei Virchow ein höheres geologisches Alter nicht ausschloss. Der Originalfund ging später durch Kriegswirren verloren. Im Bottroper Museum für Ur- und Ortsgeschichte" sowie im „Stadtarchiv Oberhausen" bewahrt man jedoch Abgusskopien auf.

Niedersachsen

Bisher sind zwei Ende der 1980er Jahre entdeckte Kinderskelette wahrscheinlich die einzigen Reste von Menschen aus der Mittelsteinzeit in Niedersachsen. Das erste Kinderskelett (Grab I) in gestreckter Rückenlage mit dem Kopf im Osten wurde 1988 bei Grabungen unter Leitung des Göttinger Kreisarchäologen Klaus Grote unter einem der insgesamt 14 Felsdächer an der Südflanke des Bettenroder Berges bei Reinhausen (Kreis Göttingen) im Abri IX entdeckt. Dabei handelt es sich um das rund 75 Zentimeter große Skelett eines etwa anderthalbjährigen Jungen. Das zweite Kinderskelett (Grab II), auf der rechten Seite liegend mit zum Körper hin angezogenen Knien (Hockerlage), kam 1989 bei den Gra-

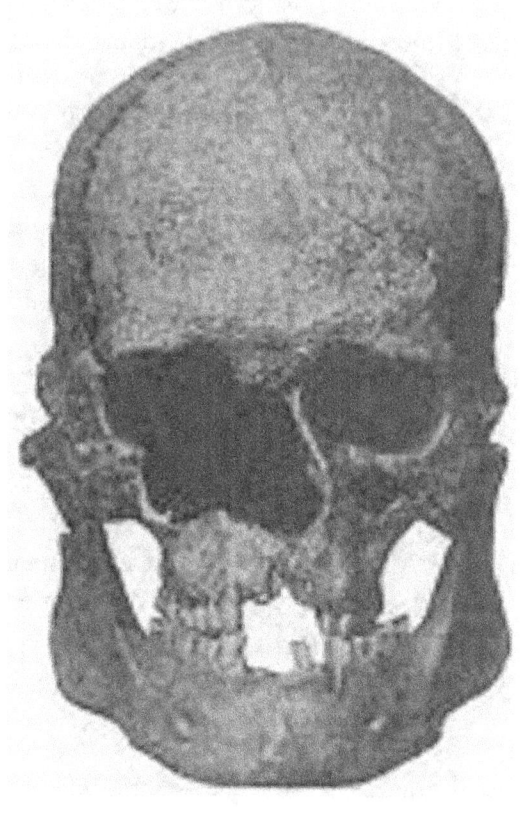

Oberschädelfund von 1939 aus der Mittelsteinzeit
von Bottendorf (Kyffhäuserkreis) in Thüringen,
ergänzt durch einen Unterkieferfund von 1914 aus der Altsteinzeit
von Oberkassel bei Bonn in Nordrhein-Westfalen.
Foto aus Gerhard Heberer / Friedrich-Karl Bicker:
Der mesolithische Fund von Bottendorf a. d. Unstrut.
Anthropologischer Anzeiger, Jahrgang 17, Heft 3/4,
Stuttgart 1940

bungen von Grote unter demselben Felsdach ungefähr 4 Meter von Grab I entfernt zum Vorschein. Es ist die Bestattung eines ca. 3 Jahre alten Mädchens, das etwa 85 Zentimeter groß war. Die Ergebnisse der 14C-Altersdatierungen von Knochenproben sind sehr widersprüchlich: Grab I kurz nach der Ausgrabung um 9.100 v. Chr. und 2009 um 460 v. Chr., Grab II kurz nach der Ausgrabung um Christi Geburt und 2009 um 800 v. Chr. Der Ausgräber Klaus Grote geht wegen der Lage der beiden Bestattungen und ihrer Beifunde von einer Zeitstellung im Spätmesolithikum aus. An beiden Kinderskeletten ließen sich Mangelerscheinungen im Knochenaufbau nachweisen.

Thüringen

Von den Menschen aus der Mittelsteinzeit in Thüringen kennt man nur aus Bottendorf, Ortsteil von Roßleben-Wiehe (Kyffhäuserkreis), aussagekräftige Skelettreste. Die Fundgeschichte der Gräber in Bottendorf begann am 14. März 1939 mit der Entdeckung eines menschlichen Skeletts durch den Arbeitsdienst. Am Tag darauf barg der Prähistoriker Friedrich Karl Bicker (1908–1967) aus Halle/Saale dieses von einem 20 bis 40 Jahre alten Mann stammende Skelett. Es wird in der Fachliteratur als Bottendorf I erwähnt. Eine 35 bis 45 Jahre alte Frau (Bottendorf II/1) sowie ein sieben bis acht Jahre altes Kind (Bottendorf II/2) hat man am 22. und 25. April 1939 in etwa 15 Meter Entfernung entdeckt. Die drei mittelsteinzeitlichen Toten von Bottendorf wurden mitten in der Siedlung bestattet. Vielleicht ist dies ein Hinweis dafür, dass man jenen Menschen auch nach dem Tode noch nahe sein wollte. Das am 15. März 1939 in Bottendorf geborgene Männerskelett wurde als „sitzender Hocker" vorgefunden, wodurch vielleicht die Vorstellung vom „Lebenden Leichnam" zum Ausdruck

Die Schauspielerin, Gästeführerin und Buchautorin Petra Paetzold,
stilvoll gekleidet als „Schamanin von Bad Dürrenberg".
Das Künstler-Ehepaar Frank Paetzold und Petra Paetzold
aus Bad Dürrenberg
veröffentlichte die siebenbändige Buchreihe „Herr Engel erzählt",
durch die Kinder und Jugendliche
die Geschichte ihrer Heimat kennenlernen sollen.
Der erste Band „Die Schamanin von Bad Dürrenberg"
erschien 2019.
Foto: Uwe Heinze

kommt. Dieser Fund war wie die beiden übrigen sitzenden mittelsteinzeitlichen Skelette von Bottendorf mit Rötel als der Farbe des Lebens oder zumindest der Festlichkeit bedeckt.

Sachsen-Anhalt

In Dürrenberg (seit 1935 Bad Dürrenberg) in Sachsen-Anhalt kamen am 4. Mai 1934 bei Kanalisationsarbeiten mitten im Kurpark die Skelettreste einer 25 bis 35 Jahre alten Frau und eines Kleinkindes im Alter von einem halben bis einem Jahr zum Vorschein. Sie wurden in großer Eile durch den Restaurator Wilhelm Henning aus Halle/Saale geborgen, da der Kurpark bereits am nächsten Tag eingeweiht werden sollte. Die Frau war fast 1,60 Meter groß. Man hatte sie in hockender Haltung mit dem Kleinkind zwischen den Oberschenkeln bestattet. Ungewöhnliche Grabbeigaben der Frau (Rehgeweih, Tierzahnanhänger und Schildkrötenpanzer) werden als Requisiten einer Schamanin gedeutet. Die Bestattung in Bad Dürrenberg wurde 1977 von dem Prähistoriker Volkmar Geupel aus Dresden in die späte Mittelsteinzeit datiert, in der Jäger, Fischer und Sammler bereits Kontakte zu den jungsteinzeitlichen Bauern der Linienbandkeramischen Kultur (etwa 5.500 bis 4.900 v. Chr.) hatten. Bestattungssitte und Beigaben sprachen angeblich für die Mittelsteinzeit, eine ebenfalls mitgegebene Flachhacke aus Hornblendeschiefer stammte dagegen bereits aus dem jungsteinzeitlichen Kulturmilieu. Die Radiokarbon-Datierung einiger Knochen ergab allerdings ein Alter zwischen etwa 7.000 und 6.200 v. Chr., was gegen Kontakte der Jäger, Fischer und Sammler mit Ackerbauern und Viehzüchtern spricht. Weitgehend erhalten ist das Skelett einer mehr als 50jährigen Frau, das im Juli 1984 auf dem Weinberg südlich von Unseburg (Salzlandkreis) in Sachsen-Anhalt gefunden wurde. Diese Bestattung kam bei Grabungen des Landesmuseums für Vorgeschichte in Halle/Saale zum Vorschein, an der sich auch

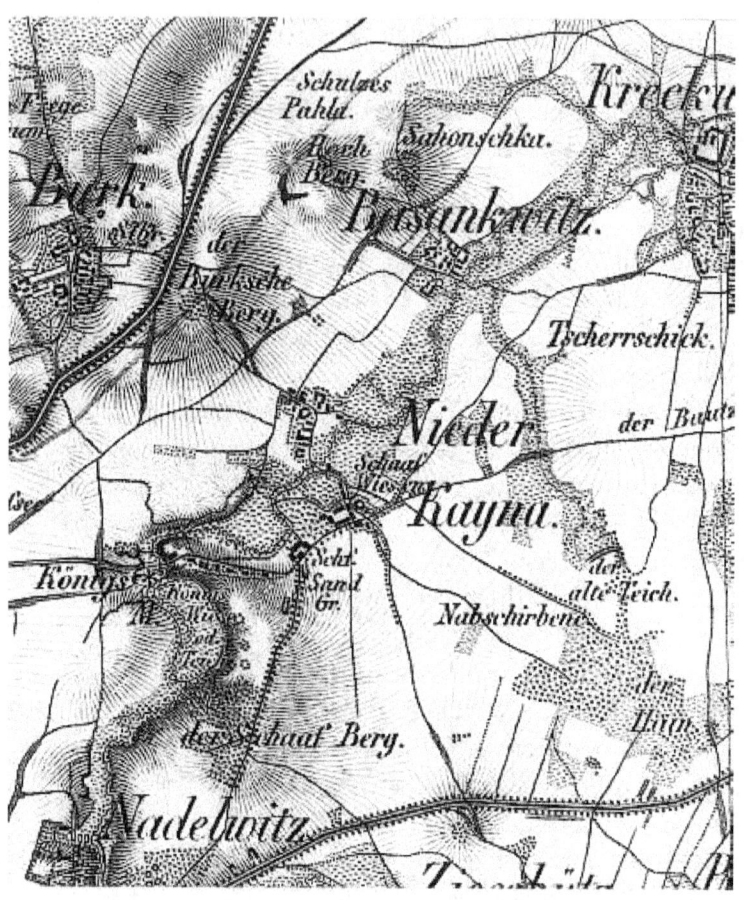

Niederkaina (früher Nieder-Kayna) auf einer Karte von 1844/46.
Der Schafberg (früher Schaafberg) liegt südwestlich von Niederkaina.
Bild: Deutsche Fotothek, Archivar Günter Rapp (1935–1990)
(via Wikimedia Commons),
Lizenz: gemeinfrei (Public domain)

andere Helfer beteiligten. Die Frau ruhte auf der linken Seite mit zum Körper angezogenen Beinen. Ihre Grabbeigaben – Feuersteinabschläge und zwei Dreiecksmikrolithen aus Feuerstein – ließen erkennen, dass sie in der Mittelsteinzeit gelebt hatte. Sie war 1,57 Meter groß.

Sachsen
Nach der Bestattungssitte zu schließen, gehört ein 1930 auf dem Schafberg bei Niederkaina (Kreis Bautzen, obersorbisch: Wokrjes Budyšin) in Sachsen entdecktes Grab in die späte Mittelsteinzeit. Im dortigen Sandboden waren die menschlichen Knochen bei der Entdeckung des Grabes jedoch schon verwest. Sandboden entzieht Knochen das Kalzium, weshalb sie dann schneller zerfallen.

Auch in den 1983 bei Begehungen im Braunkohlen-Tagebauvorfeld aufgespürten fünf Gräbern südlich von Schöpsdorf (Kreis Görlitz) in Sachsen hatten sich die Skelettreste von Jägern und Sammlern im Sandboden bereits aufgelöst. Diese Gräber waren auf zwei Dünenkuppen (Fundstelle 2 und Fundstelle 14) verteilt und rund 300 Meter voneinander entfernt. Ein Grab scheint nahe eines Lagerplatzes angelegt worden zu sein. Zumindest noch Zahnreste befanden sich in Grab 2 der Fundstelle 2 und in Grab 1 der Fundstelle 14. Dass es sich um Bestattungen aus der Mittelsteinzeit handelte, zeigten Rötelverfärbungen und in vier Gräbern auch typische Feuersteingeräte. Grab 2 von Fundstelle 2 (auch Schöpsdorf 2) enthielt eine kurze trapezförmige Pfeilspitze, wie sie für die jüngere Mittelsteinzeit typisch ist. Grab 1 von Fundstelle 14 (Schöpsdorf 14) bestand gleichzeitig wie die bäuerliche Linienbandkeramische Kultur. Das Dorf Schöpsdorf (obersorbisch: Sepsecy) wurde 1967 nach Merzdorf eingemeindet und ab 1981 vom Tagebau Bärwalde überbaggert.

*Weg zum Weinberg bei Groß Fredenwalde
(Kreis Uckermark) in Brandenburg,
einem Grab- und Kultplatz der Mittelsteinzeit.
Foto: Aquilla / CC BY-SA 3.0 (via Wikimedia Commons),
lizensiert unter Creative-Commons-Lizenz by-sa-3.0,
https://creativecommons.org/licenses/by-sa/3.0/legalcode*

Brandenburg

Für einen menschlichen Schädeldachrest und zwei Zähne bei
Friesack (Kreis Havelland), etwa 60 Kilometer nordwestlich
von Berlin, ist die Zuordnung zur mittelsteinzeitlichen
Duvensee-Gruppe (etwa 7.000 bis 6.000 v. Chr.) gesichert.
Diese Kulturstufe ist nach dem Fundort Duvenseer Moor
(Kreis Herzogtum Lauenburg) in Schleswig-Holstein benannt.
Der Schädelrest und die beiden Zähne von Friesack wurden
bei den Grabungen des Potsdamer Prähistorikers Bernhard
Gramsch am Fundplatz Friesack 4 entdeckt. Dies ist ein
Talsandhügel innerhalb des Warschau-Berliner-Urstromtales,
das in der Weichsel-Eiszeit entstanden ist.
Ein bedeutender Bestattungsplatz aus der jüngeren Mittel-
steinzeit zwischen etwa 6.400 und 4.900 v. Chr. lag auf dem
Weinberg bei Groß Fredenwalde (Kreis Uckermark) in Brandenburg. Die dort beerdigten Menschen gelten als die letzten
Jäger, Fischer und Sammler kurz vor dem Beginn der „neolithischen Revolution" mit dem Aufkommen von Ackerbau
und Viehzucht in Norddeutschland. Auf den Bestattungsplatz
wurde man 1962 beim Ausheben einer Baugrube für einen
Signalmast auf dem Gipfel des Weinbergs aufmerksam. Dabei
hat man Skelettreste von sechs Personen notdürftig geborgen:
zwei Männer, 30 bis 39 und 40 bis 49 Jahre alt und 1,56 Meter
groß, eine Frau, 40 bis 49 Jahre alt sowie 1,52 Meter groß, drei
Kinder im Alter von 3 bis 4, 4 bis 5 und 7 bis 8 Jahren. Die
Toten wurden mit rotem Ocker bestreut und mit Grabbeigaben
– Knochenpfrieme, Feuersteinklingen und Feuersteinabschläge
– versehen. An einem Schädel befanden sich durchbohrte
Tierzahnanhänger, die offenbar auf einem Band aufgefädelt
waren. Auf Initiative des Prähistorikers Thomas Terberger
erfolgten 2012, 2014, 2019 und 2020 Nachuntersuchungen auf
dem Weinberg. Bei den Ausgrabungen von 2014 entdeckte
man die Reste von drei Menschen. Ein um 5.000 v. Chr.

Professor Dr. Thomas Terberger,
Experte für Alt- und Mittelsteinzeit,
seit Mai 2013 Referent für Jägerische Archäologie
am Niedersächsischen Landesamt für Denkmalpflege.
Foto: Axel Hindemith, Lizenz: Creative Commons by-sa-3.0 de
(via Wikimea Commons),
lizensiert unter Creative-Commons-Lizenz by-sa-3.0,
https://creativecommons.org/licenses/by-sa/3.0/legalcode

gestorbener, 25 Jahre alter und 1,56 Meter großer Mann wurde aufrecht stehend in einer offenen gelassenen Grube bestattet. Erst als der Körper zerfallen war, schüttete man die Grube zu und zündete darüber ein Feuer an. Weil man ihn mit Feuerstein-Artefakten und zwei Knochenwerkzeugen als Beigaben austattete, betrachtet man ihn als Handwerker. Aus der Zeit um 6.400 v. Chr. stammt ein Kleinkind im Alter von etwa einem halben bis einem Jahr, das man bei der Bestattung mit Ocker bestreut hatte. 2019 und 2020 wurde auf dem Weinberg jeweils ein weiteres Grab entdeckt. Insgesamt sind von 1962 bis 2020 auf dem Bestattungsplatz von Groß Fredenwalde elf Bestattungen gefunden worden.

Weitere menschliche Skelettreste aus der Mittelsteinzeit in Brandenburg liegen aus Berlin-Schmöckwitz, bei Königs Wusterhausen und Rathsdorf vor. In Berlin-Schmöckwitz, früher ein Fischerdorf, heute ein Ortsteil des Berliner Bezirks Treptow-Köpenick, stieß 1925 der Oberstudiendirektor Karl Hohmann (1886–1969) aus Eichwalde bei Berlin nahe der Dahme auf drei Bestattungen aus der älteren Mittelsteinzeit. Bei einer davon handelte es sich um einen 1,55 bis 1,60 Meter großen Mann mit bemerkenswert großem Schädel.

Von Karl Hohmann wurde 1956 auch der Bericht über eine mittelsteinzeitliche Bestattung veröffentlicht, die 1955 in Kolberg am Wolziger See (Kreis Dahme-Spreewald) entdeckt worden war. Dort hatte man eine etwa 20 bis 25 Jahre alte Frau mit einer Körpergröße von 1,42 Meter begraben.

2008 kam vor dem Bau einer neuen Erdgasleitung (Ostsee-Pipeline-Anbindungsleitung = „Opal") in Rathsdorf (Kreis Märkisch Oderland) etwa 85 Zentimeter unter der Erdoberfläche ein weibliches Skelett aus der späten Mittelsteinzeit zum Vorschein. Auf dieses war man durch ein bei der Probegrabung unter Leitung von Ralph Lehmpfuhl entdecktes Schlüsselbein aufmerksam geworden. In der Presse wurde dieser Fund irrtümlich als „Märkischer Ötzi" bezeichnet. Zu den Grabbeigaben der Frau gehörten eine Knochenspitze, drei Feuersteinartefakte und mindestens 134 Tierzähne.

Mecklenburg-Vorpommern
Eine Einstufung in die mittelsteinzeitliche Duvensee-Gruppe wird für die Skelettreste von drei Menschen aus Nehringen (Kreis Vorpommern-Rügen) und ein Skelett aus Plau am See (Kreis Ludwigslust-Parchim), beide in Mecklenburg-Vorpommern, erwogen.

Die Skelettreste von drei Menschen in angeblich sitzender Hockerstellung aus Nehringen wurden 1923 entdeckt. Bei ihnen sollen sich einige einfache Feuersteinklingen befunden haben. Diese Skelettreste hat man weder fachmännisch geborgen, noch existieren davon Zeichnungen, Fotos oder exakte Beschreibungen dieser Funde. Auch ihr Verbleib ist leider unbekannt.

Auf das Skelett aus Plau am See stieß man 1846 in dem Weinberg, der heute Klüschenberg heißt. Es lag etwa 1,80 Meter tief unter der Erdoberfläche im Kiessand. Bedauerlicherweise wurde dieser seltene Fund von Arbeitern zerschlagen. Die Skelettreste gelangten in den Besitz eines Einwohners aus Plau, der sie dem als Heimatforscher bekannten Pastor Johann Ritter (1799–1880) aus Vietlübbe schenkte. Der Fund wurde 1847 durch den Schweriner Archivar und Prähistoriker Friedrich Lisch (1801–1883) beschrieben.

Anmerkungen

1] magle mose = deutsch: das „große Moor".

2] Friedrich Lisch (1801–1883) war seit 1834 Schweriner Archivar, außerdem Leiter der Großherzoglichen Sammlungen in Schwerin, Begründer des Geschichts- und Altertumsvereins sowie Herausgeber des Mecklenburger Jahrbuches.

3] Ewald Schuldt (1914–1987) war 1953–1981 Direktor des „Museums für Ur- und Frühgeschichte Schwerin".

4] Die ersten Funde von Tribsees hat im Mai 1981 der Schüler Hans-Werner Ganzow aus Tribsees beim Angeln entdeckt. Dabei handelte es sich um einige Geweihgeräte, die er im Aushubmaterial des ausgebaggerten Sammelbeckens des Schöpfwerkes Eichenthal in der Trebelniederung entdeckt hatte. Ganzow übergab die Funde seinem daran interessierten Mitschüler Rico Matthey aus Böhlendorf, der sie als mittelsteinzeitliche Werkzeuge erkannte. Er durchsuchte das Baggergut am Fundplatz und barg neben zahlreichen Tierknochenfragmenten auch Geweih- und Knochengeräte sowie Feuersteinabschläge. Er meldete seine Funde dem „Museum für Ur- und Frühgeschichte Schwerin". 1984 untersuchte der Schweriner Prähistoriker Horst Keiling den Fundplatz. Keiling war von 1981 bis 1992 Direktor des „Museums für Ur- und Frühgeschichte Schwerin".

Literatur

ALMGREN, Oscar: Georg Sarauw †. In: Vorgeschichtliches Jahrbuch, S. 378–380, Berlin und Leipzig 1930.

BOKELMANN, Klaus: Duvensee, ein Wohnplatz des Mesolithikums in Schleswig-Holstein und die Duvensee-Gruppe. In: Offa, S. 5–26. Neumünster 1971.

BOKELMANN, Klaus: Eine neue borealzeitliche Fundstelle in Schleswig-Holstein. In: Kölner Jahrbuch für Vor- und Frühgeschichte, S. 181–188. Berlin 1981.

BOKELMANN, Klaus: Rast unter Bäumen. Ein ephemerer mesolithischer Lagerplatz auf dem Duvenseer Moor. In: Offa, Festschrift für Albert Bantelrnann zum 75. Geburtstag. S. 149–163, Neumünster 1986.

BOKELMANN, Klaus / AVERDIECK, Fritz Rudolf / WILLKOMM, Horst: Duvensee, Wohnplatz 8. Neue Aspekte zur Sammelwirtschaft im frühen Mesolithikum. In: Offa, Festschrift für Karl Wilhelm Struve, S. 21–40, Neumünster 1981.

BRAUER, Gisela: Wolfgang Sonder. In: 750 Jahre Stadt Bad Oldesloe, Bad Oldesloe 1988.

GRAMSCH, Bernhard: Eine mesolithische Knochenhacke ans der Tollense bei Kessin, Kr. Altentreptow. In: Ausgrabungen und Funde 16, S. 180–184, Berlin 1971.

GRAMSCH, Bernhard: Ausgrabungen auf spätmesolithischen Siedlungsplätzen der Insel Rügen. In: Ausgrabungen und Funde 21, S. 40–42, Berlin 1976.

GRAMSCH, Bernhard: Der mesolithisch-neolithische Moorfundplatz bei Friesack, Kr. Nauen. In: Ausgrabungen und Funde 26, S. 65–72, Berlin 1981.

GRAMSCH, Bernhard: Maglemose-Kultur. In:
HERRMANN, Joachim: Lexikon früher Kulturen, S. 8,
Leipzig 1984.

GRAMSCH, Bernhard: Der mesolithisch-neolithische
Moorfundplatz bei Friesack, Kreis Nauen. In:
Ausgrabungen und Funde 30, S. 57–67, Berlin 1985.

GRAMSCH, Bernhard / SCHOKNECHT, Ulrich: Groß
Fredenwalde, Lkr Uckermark – eine mittelsteinzeitliche
Mehrfachbestattung in Norddeutschland. In:
Veröffentlichungen zur brandenburgischen Landes-
archäologie 34, S. 9–38, Zossen-Wünsdorf 2000.

JUNGKLAUS, Bettina / KOTULA, Andreas /
TERBERGER, Thomas: Der mittelsteinzeitliche
Bestattungsplatz auf dem Weinberg bei Groß Fredenwalde,
Lkr. Uckermark. In: Mitteilungen des Uckermärkischen
Geschichtsvereins zu Prenzlau 23, S. 4–14, Prenzlau 2016

KEILING, Horst: Steinzeitliche Jäger und Sammler in
Mecklenburg. In: Museum für Ur- und Frühgeschichte
Schwerin, Museumskatalog 4, Schwerin 1985.

KEILING, Horst: Baggerfunde von einem ältermeso-
lithischen Rastplatz irn Trebeltal bei Tribsees, Kreis
Stralsund. In: Bodendenkmalpflege in Mecklenburg,
S. 29–46, Berlin 1988.

KEILING, Horst: Nekrolog – Ewald Schuldt 1914–1987.
In: Gesellschaft für Heimatgeschichte im Kulturbund der
DDR Bezirksvorstand Schwerin. Informationen des
Bezirksarbeitskreises für Ur- und Frühgeschichte Schwerin,
S. 80–92, Schwerin 1988.

LEHMKUHL, Ursula: Zur Kenntnis der Fauna vom
mesolithischen Fundplatz Tribsees. Kreis Stralsund. In:
Bodendenkmalpflege in Mecklenburg, Jahrbuch 1987,
S. 17–82, Berlin 1988.

LISCH, Georg Christian Friedrich: Begräbnis von Plau. In: Jahrbücher und Jahrbericht des Vereins für mecklenburgische Gcschichte und Altertumskunde, S. 400/401, Schwerin 1847.

SARAUW, Georg F. L.: Maglemose. Ein steinzeitlicher Wohnplatz im Moor bei Mullerup auf Seeland, verglichen mit verwandten Funden. In: Prähistorische Zeitschrift, S. 52–104, Leipzig 1911.

SARAUW, Georg F. L.: Vorkommen, Untersuchung und Gliederung des Frühneolithikums. In: Beiheft zum Korrespondenzblatt der Deutschen Gesellschaft für Anthropologie, Ethnologie und Urgeschichte, S. 5–8, Göttingen 1912.

SCHNEIDER, Max: Die Urkeramiker. Entstehun g eines mesolithischen Volkes und seiner Kultur, Leipzig 1932.

SCHULDT, Ewald: Ein mittelsteinzeitlicher Siedlungsplatz bei Hohen Viecheln, Kreis Wismar. In: Bodendenkmalpflege in Mecklenburg, Jahrbuch 1955, S. 9–25, Berlin 1954.

SCHULDT, Ewald: Der mittelsteinzeitliche Wohnplatz von Flessenow, Kreis Schwerin. In: Bodendenkmalpflege in Mecklenburg. Jahrbuch 1959, S. 7–34, Berlin 1961.

SCHULDT, Ewald: Der mittelsteinzeitliche Fundplatz von Hohen Viecheln, Kr. Wismar. In: Ausgrabungen und Funde 1, S. 117–122. Berlin 1966.

SCHWABEDISSEN, Hermann: Untersuchung mesolithisch-neolithischer Moorsiedlungen in Schleswig-Holstein. In: Neue Ausgrabungen in Deutschland. S. 26–42, Berlin 1958.

SCHWABEDISSEN, Hermann: Vom Jäger zum Bauern der Steinzeit in Schleswig-Holstein. In: Archäologisches Landesmuseum der Christian-Albrechts-Universität. Wegweiser durch die Sammlung, Neumünster 1987.

SCHWANTES, Gustav: Der frühneolithische Wohnplatz von Duvensee. In: Prähistorische Zeitschrift, S. 175–177, Berlin 1925.

SONDER, Wolfgang: Prähistorische Siedlungen an den Oldesloer Salzquellen. In: Mitteilungen der Geographischen Gesellschaft und des Naturhistorischen Museums in Lübeck, Lübeck 1926.

Autor Ernst Probst.
Foto: Klaus Benz, Fotograf, Mainz-Laubenheim

Der Autor

Ernst Probst, geboren am 20. Januar 1946 in Neunburg vorm Wald im bayerischen Regierungsbezirk Oberpfalz, ist Journalist und Wissenschaftsautor. Er arbeitete von 1968 bis 1971 bei den „Nürnberger Nachrichten", von 1971 bis 1973 in der Zentralredaktion des „Ring Nordbayerischer Tageszeitungen" in Bayreuth und von 1973 bis 2001 bei der „Allgemeinen Zeitung", Mainz. In seiner Freizeit schrieb er Artikel für die „Frankfurter Allgemeine Zeitung", „Süddeutsche Zeitung", „Die Welt", „Frankfurter Rundschau", „Neue Zürcher -", „Tages-Anzeiger", Zürich, „Salzburger Nachrichten", „Die Zeit", „Rheinischer Merkur", „Deutsches Allgemeines Sonntagsblatt", „bild der wissenschaft", „kosmos", „Deutsche Presse-Agentur" (dpa), „Associated Press" (AP) und den „Deutschen Forschungsdienst" (df). Aus seiner Feder stammen die Bücher „Deutschland in der Urzeit" (1986), „Deutschland in der Steinzeit" (1991), „Rekorde der Urzeit" (1992), „Dinosaurier in Deutschland" (1993 zusammen mit Raymund Windolf) und „Deutschland in der Bronzezeit" (1996). Von 2001 bis 2006 betätigte sich Ernst Probst als Buchverleger sowie zeitweise als internationaler Fossilienhändler und Antiquitätenhändler. Insgesamt veröffentlichte er mehr als 300 Bücher, Taschenbücher, Broschüren und über 300 E-Books.

*Paddel aus Eibenholz aus der Zeit der „Maglemose-Kultur"
(etwa 7.000 bis 6.000 v. Chr.) vom Duxmoor bei Gettorf
(Kreis Rendsburg-Eckernförde) in Schleswig-Holstein.
Länge etwa 90 Zentimeter.
Foto: Archäologisches Landesmuseum
der Christian-Albrechts-Universität, Schleswig*

Bücher von Ernst Probst

(Auswahl)

Als Mainz im Meer lag
Als Mainz noch nicht am Rhein lag
Christl-Marie Schultes. Die erste Fliegerin in Bayern
(zusammen mit Theo Lederer)
Der Europäische Jaguar
Der Mosbacher Löwe. Die riesige Raubkatze aus Wiesbaden
Der Rhein-Elefant. Das Schreckenstier von Eppelsheim
Der Schwarze Peter. Ein Räuber im Hunsrück und
Odenwald
Der Ur-Rhein. Rheinhessen vor zehn Millionen Jahren
Deutschland im Eiszeitalter
Deutschland in der Frühbronzezeit
Deutschland in der Mittelbronzezeit
Deutschland in der Spätbronzezeit
Die Aunjetitzer Kultur in Deutschland
Die Straubinger Kultur in Deutschland
Die Singener Gruppe
Die Arbon-Kultur in Deutschland
Die Ries-Gruppe und die Neckar-Gruppe
Die Adlerberg-Kultur
Der Sögel-Wohlde-Kreis
Die nordische Bronzezeit in Deutschland
Die Hügelgräber-Kultur in Deutschland
Die ältere Bronzezeit in Nordrhein-Westfalen
Die Bronzezeit in der Lüneburger Heide
Die Stader Gruppe
Die Oldenburg-emsländische Gruppe

Die Urnenfelder-Kultur in Deutschland
Die ältere Niederrheinische Grabhügel-Kultur
Die Unstrut-Gruppe
Die Helmsdorfer Gruppe
Die Saalemündungs-Gruppe
Die Lausitzer Kultur in Deutschland
Die Dolchzahnkatze Megantereon
Die Dolchzahnkatze Smilodon
Die Säbelzahnkatze Homotherium
Die Säbelzahnkatze Machairodus
Die Schweiz in der Frühbronzezeit
Die Rhône-Kultur in der Westschweiz
Die Arbon-Kultur in der Schweiz
Die Schweiz in der Mittelbronzezeit
Die Schweiz in der Spätbronzezeit
Dinosaurier von A bis K. Von Abelisaurus bis zu
Kritosaurus
Dinosaurier von L bis Z. Von Labocania bis zu Zupaysaurus
Der rätselhafte Spinosaurus. Leben und Werk des Forschers
Ernst Stromer von Reichenbach
Eiszeitliche Geparde in Deutschland
Eiszeitliche Leoparden in Deutschland
Frauen im Weltall
Hildegard von Bingen. Die deutsche Prophetin
Höhlenlöwen. Raubkatzen im Eiszeitalter
Julchen Blasius. Die Räuberbraut des Schinderhannes
Johann Jakob Kaup. Der große Naturforscher aus
Darmstadt
Königinnen der Lüfte
Königinnen der Lüfte in Deutschland
Königinnen der Lüfte in Europa
Königinnen der Lüfte in Frankreich

Königinnen der Lüfte in England und Australien
Königinnen der Lüfte in Amerika
Königinnen der Lüfte von A bis Z
Königinnen des Tanzes
Malende Superfrauen
Meine Worte sind wie die Sterne Die Entstehung der Rede
des Häuptlings Seattle (zusammen mit Sonja Probst,
verheiratete Werner)
Monstern auf der Spur. Wie die Sagen über Drachen,
Riesen und Einhörner entstanden
Neues vom Ur-Rhein. Interview mit dem Geologen und
Paläontologen Dr. Jens Sommer
Österreich in der Frühbronzezeit
Österreich in der Mittelbronzezeit
Österreich in der Spätbronzezeit
Pompadour und Dubarry. Die Mätressen von Louis XV.
Raub-Dinosaurier von A bis Z. Mit Zeichnungen von
Dmitry Bogdanav und Nobu Tamura
Rekorde der Urmenschen. Erfindungen, Kunst und Religion
Rekorde der Urzeit. Landschaften, Pflanzen und Tiere
Säbelzahnkatzen. Von Machairodus bis zu Smilodon
Säbelzahntiger am Ur-Rhein. Machairodus und
Paramachairodus
Superfrauen aus dem Wilden Westen
Superfrauen 1 – Geschichte
Superfrauen 2 – Religion
Superfrauen 3 – Politik
Superfrauen 4 – Wirtschaft und Verkehr
Superfrauen 5 – Wissenschaft
Superfrauen 6 – Medizin
Superfrauen 7 – Film und Theater
Superfrauen 8 – Literatur

Superfrauen 9 – Malerei und Fotografie
Superfrauen 10 – Musik und Tanz
Superfrauen 11 – Feminismus und Familie
Superfrauen 12 – Sport
Superfrauen 13 – Mode und Kosmetik
Superfrauen 14 – Medien und Astrologie
Tony und Bruno Werntgen. Zwei Leben für die Luftfahrt
(zusammen mit Paul Wirtz)
Was ist ein Menhir? Interview mit dem Mainzer
Archäologen Dr. Detert Zylmann
Wer ist der kleinste Dinosaurier? Interviews mit dem
Wissenschaftsautor Ernst Probst
Wer war der Stammvater der Insekten? Interview mit dem
Stuttgarter Biologen und Paläontologen Dr. Günther Bechly
6000 Jahre Kastel. Von der Steinzeit bis zum
21. Jahrhundert
5000 Jahre Kostheim. Von der Steinzeit bis zum
21. Jahrhundert
Kastel in der Vorzeit. Von der Jungsteinzeit bis Christi
Geburt
Kostheim in der Vorzeit. Von der Jungsteinzeit bis Christi
Geburt
Wiesbaden in der Steinzeit. Von Eiszeit-Jägern bis zu frühen
Bauern
Anno 1.000.000. Deutschland in der älteren Altsteinzeit
Die Altsteinzeit. Eine Periode der Steinzeit vor etwa 1.000.000
buis 10.000 Jahren
Das Protoacheuléen. Eine Kulturstufe der Altsteinzeit vor etwa
1,2 Millionen bis 600.000 Jahren
Das Altacheuléen. Eine Kulturstufe der Altsteinzeit vor etwa
600.000 bis 350.000 Jahren
Das Jungacheuléen. Eine Kulturstufe der Altsteinzeit vor etwa

350.000 bis 150.000 Jahren
Das Spätacheuléen. Eine Kulturstufe der Altsteinzeit vor etwa
150.000 bis 10.000 Jahren
Die Lanze von Lehringen. Der Jahrhundertfund aus der
Altsteinzeit
Das Moustérien. – Die große Zeit der Neanderthaler
Das Aurignacien. Eine Kulturstufe der Altsteinzeit vor etwa
40.000 bis 31.000 Jahren
Das Gravettien. Eine Kulturstufe der Altsteinzeit vor etwa
35.000 bis 24.000 Jahren
Das Magdalénien. Die Blütezeit der Rentierjäger vor etwa
18.000 bis 14.000 Jahren
Die Hamburger Kultur. Eine Kulturstufe der Altsteinzeit
vor etwa 15.700 bis 14.200 Jahren
Die Federmesser-Gruppen. Eine Kulturstufe der
Altsteinzeit vor etwa 14.000 bis 12.800 Jahren
Das Steinzeit-Grab von Bonn-Oberkassel. Ein rätselhafter
Fund aus der Zeit der Federmesser-Gruppen
Die Ahrensburger Kultur. Eine Kulturstufe der Altsteinzeit
vor etwa 12.700 bis 11.650 Jahren
Die Altsteinzeit in Österreich., Jäger und Sammler vor
250.000 bis 10.000 Jahren
Das Jungacheuléen in Österreich
Das Moustérien in Österreich
Das Aurignacien in Österreich
Das Gravettien in Österreich
Das Magdalénien in Österreich
Das Magdalénien in der Schweiz
Die Mittelsteinzeit
Deutschland in der Mittelsteinzeit
Die Mittelsteinzeit in Baden-Württemberg
Die Mittelsteinzeit in Bayern

Die Mittelsteinzeit in Rheinland-Pfalz
Die Mittelsteinzeit in Hessen
Die Mittelsteinzeit in Nordrhein-Westfalen
Die Mittelsteinzeit in Niedersachsen
Die Mittelsteinzeit in Thüringen, Sachsen-Anhalt, Sachsen
und im südlichen Brandenburg
Die Mittelsteinzeit in Schleswig-Holstein, Mecklenburg und
im nördlichen Brandenburg
Die ersten Bauern in Deutschland. Die
Linienbandkeramische Kultur (5.500 bis 4.900 v. Chr.)
Die Ertebölle-Ellerbek-Kultur. Eine Kultur der Jungsteinzeit
vor etwa 5.000 bis 4.300 v. Chr.
Die Stichbandkeramik. Eine Kultur der Jungsteinzeit vor
etwa 4.900 bis 4.500 v. Chr.
Die Oberlauterbacher Gruppe. Eine Kulturstufe der
Jungsteinzeit vor etwa 4.900 bis 4.500 v. Chr.
Die Hinkelstein-Gruppe. Eine Kulturstufe der Jungsteinzeit
vor etwa 4.900 bis 4.800 v. Chr.
Die Rössener Kultur. Eine Kultur der Jungsteinzeit vor etwa
4.600 bis 4.300 v. Chr.
Die Kupferzeit. Wie die ersten Metalle in Mitteleuropa
bekannt wurden
Die Michelsberger Kultur. Eine Kultur der Jungsteinzeit vor
etwa 4.300 bis 3.500 v. Chr.
Das Rätsel der Großsteingräber. Die nordwestdeutsche
Trichterbecher-Kultur vor etwa 4.300 bis 3.000 v. Chr.
Die Baalberger Kultur. Eine Kultur der Jungsteinzeit vor
etwa 4.300 bis 3.700 v. Chr.
Pfahlbauten in Süddeutschland. Dörfer der Jungsteinzeit
und Bronzezeit an Seen, Mooren und Flüssen
Die Altheimer Kultur / Die Pollinger Gruppe. Zwei
Kulturen der Jungsteinzeit vor etwa 3.900 bis 3.500 v. Chr.

Die Salzmünder Kultur. Eine Kultur der Jungsteinzeit vor etwa 3.700 bis 3.200 v. Chr.

Die Chamer Gruppe. Eine Kulturstufe der Jungsteinzeit vor etwa 3.500 bis 2.800 v. Chr.

Die Wartberg-Kultur. Eine Kultur der Jungsteinzeit vor etwa 3.500 bis 2.800 v. Chr.

Die Walternienburg-Bernburger Kultur. Eine Kultur der Jungsteinzeit vor etwa 3.200 bis 2.800 v. Chr.

Die Kugelamphoren-Kultur. Eine Kultur der Jungsteinzeit vor etwa 3.100 bis 2.700 v. Chr.

Die Schnurkeramischen Kulturen. Kulturen der Jungsteinzeit von etwa 2.800 bis 2.400 v. Chr.

Die Einzelgrab-Kultur. Eine Kultur der Jungsteinzeit vor etwa 2.800 bis 2.300 v. Chr.

Die Schönfelder Kultur. Eine Kultur der Jungsteinzeit vor etwa 2.800 bis 2.200 v. Chr.

Die Glockenbecher-Kultur. Eine Kultur der Jungsteinzeit vor etwa 2.500 bis 2.200 v. Chr.

Die ersten Bauern in Österreich. Die Linienbandkeramische Kultur vor etwa 5.500 bis 4.900 v. Chr.

Die Lengyel-Kultur in Österreich. Eine Kultur der Jungsteinzeit vor etwa 4.900 bis 4.400 v. Chr.

Die Mondsee-Gruppe. Eine Kulturstufe der Jungsteinzeit vor etwa 3.700 bis 2.900 v. Chr.

Die Badener Kultur in Österreich. Eine Kultur der Jungsteinzeit vor etwa 3.600 bis 2.900 v. Chr.

Die ersten Pfahlbauten in der Schweiz. Die Anfänge der Pfahlbauforschung und die Egolzwiler Kultur

Die Cortaillod-Kultur. Eine Kultur der Jungsteinzeit vor etwa 4.000 bis 3.500 v. Chr.

Die Pfyner Kultur in der Schweiz. Eine Kultur der Jungsteinzeit vor etwa 4.000 bis 3.500 v. Chr.

Die Horgener Kultur in der Schweiz. Eine Kultur der Jungsteinzeit vor etwa 3.500 bis 2.800 v. Chr.
Die Schnurkeramiker in der Schweiz. Eine Kultur der Jungsteinzeit vor etwa 2.800 bis 2.400 v. Chr.